AF254121

OBSERVATION CLINIQUE,

PRÉCÉDÉE ET SUIVIE DE QUELQUES

RÉFLEXIONS SUR LA VÉRITABLE SITUATION

DE LA MÉDECINE,

OU

NOUVEL EXAMEN DES DOCTRINES MÉDICALES,

PAR FRANÇOIS GALLÉ,

MÉDECIN DE L'ÉTAT CIVIL ET DU BUREAU DE CHARITÉ DU ONZIEME ARRONDISSEMENT.

———— ✦ ————

A PARIS,

CHEZ L'AUTEUR, RUE DE SAVOIE, N° 3;

ET CHEZ PILLET AINÉ, IMPRIMEUR-LIBRAIRE,

RUE DES GRANDS-AUGUSTINS, N° 7.

———

1826.

OBSERVATION CLINIQUE,

PRÉCÉDÉE ET SUIVIE DE QUELQUES

RÉFLEXIONS SUR LA VÉRITABLE SITUATION

DE LA MÉDECINE,

OU

NOUVEL EXAMEN DES DOCTRINES MÉDICALES.

———

Ce n'est que d'aujourd'hui que l'on commence à chercher dans la physiologie les bases d'une doctrine médicale. Les premiers pas dans cette carrière, les premiers essais sont très-anciens, et les essais les plus nouveaux n'ont peut-être d'incontestablement moderne que leur date. Quoi qu'il en soit, n'ayant aucune intention d'entrer, à ce sujet, dans des discussions foncièrement oiseuses et interminables, dont on n'est que trop avide en médecine, je me contenterai de dire ici, relativement aux systèmes, en général, qu'heureusement les efforts des savans qui manquent leur principal but, ne sont pourtant, assez souvent, ni tout-à-fait perdus, ni complètement inutiles, et que l'art de guérir doit beaucoup aux travaux de ceux dont j'ai vu, successivement, adopter et proscrire les opinions.

En reconnaissant que ces hommes habiles et laborieux ont erré dans l'ensemble de leurs conceptions, on est, toutefois, forcé de convenir que leurs écrits contiennent

1

des vérités de détail dont un praticien sagement éclecti-
que ne doit jamais négliger de faire son profit. Quant à
moi, ne voyant, dans l'état actuel des choses, aucun
sujet de m'écarter de la route que j'ai toujours suivie, je
continuerai de recueillir le bon et l'utile partout où je le
trouverai, sans attendre et sans espérer que la physiologie, parvenue au degré de perfection auquel on paraît
avoir la prétention de la porter, nous fournisse un code
médical complet, approuvé par la raison et sanctionné
par la pratique.

En poursuivant au hasard ce terme désirable, que j'ap-
pellerais aussi volontiers chimérique, combien de fois
déjà n'a-t-elle pas varié dans sa marche incertaine, et
combien de fois encore est-elle destinée à changer de
face et de direction dans les mains de ceux qui la cultivent ou plutôt qui la tourmentent de toutes les façons?
Si je m'exprime ainsi, c'est que je me trouve, malgré moi,
placé, en quelque sorte, entre deux physiologies : celle
dont les bases immuables sont les opérations de la nature
elle-même, et celle qui ne doit son existence toute pré-
caire qu'aux expériences indûment appelées physiologiques. Ce que je viens de dire ne peut certainement pas
être appliqué aux sages observateurs qui cultivent judi-
cieusement la première, et s'applique, au contraire, très-
exactement aux savans égarés, qui donnent, tête baissée,
dans la seconde uniquement fondée sur de vaines tentatives d'imitation dont les résultats se bornent à quelques apparences plus ou moins spécieuses et de courte
durée.

C'est avec cette fausse physiologie que des hommes
déraisonnablement curieux, excédant les bornes de leur
intelligence et la compétence de leurs moyens, cherchent

trop souvent à pénétrer ce qui est impénétrable, et finissent nécessairement par errer dans le vague.

Leurs expériences les plus vantées, les plus ingénieuses diffèrent et différeront toujours essentiellement, quoi qu'ils fassent, des inimitables procédés de la nature, qui, se jouant de semblables efforts, ne permet aucun succès à des prétendans assez inconsidérés, pour essayer d'entrer avec elle dans cette étrange espèce de concurrence: L'immense variété de ses productions atteste suffisamment celle de ses moyens, et l'infériorité de ceux qu'elle nous a départis dans une rigoureuse circonscription d'utilité, secondairement auxiliaire sous son influence. Hors de ces limites, dont il nous est interdit de sortir impunément, il n'y a, pour nous, rien de possible, en même tems que rien d'utile (1). Nous ne connaissons, d'une manière positive, que la fin évidente, le dernier résultat du concours de toutes les conditions nécessaires à l'exercice de certaines fonctions. Quant à ces conditions elles-mêmes, quelques-unes de celles qu'il ne nous est pas impossible de suppléer, au besoin, nous sont déjà connues, au moins sous ce rapport essentiel, qui est, sans contredit, le plus important pour nous. Celles du même ordre, que nous ne connaissons pas encore, finiront peut-être par arriver à notre connaissance; mais le but ambitieux des expériences physiologiques, dont on travaille aujourd'hui avec tant

---

(1) Cette simultanéité mérite, selon moi, une atttention particulière, car il m'a toujours semblé que ce qui était vraiment utile était accessible, et que tout ce que l'on recherche depuis si long-tems, sans aucun succès, était d'une inutilité complète. Si je ne me suis pas trompé à cet égard, il est certain qu'en abandonnant un travail si constamment infructueux, pour se borner à la recherche de ce qu'il importe évidemment de connaître, on ne ferait que renoncer à des illusions pour s'attacher de préférence à d'utiles réalités.

d'opiniâtreté à établir et à légitimer la mode, n'est, à mon avis, qu'un être de raison.

Je passe à une observation très-curieuse, que je crois devoir placer ici, tant parce qu'elle renferme la preuve d'une partie de ce que je viens d'avancer, que parce qu'elle donne lieu à des réflexions capables de jeter un grand jour sur ce que j'ai dit de plus abstrait, dont elles seront une espèce de développement et d'explication.

Il y a dix-neuf ans que madame *Hall*, de Montereau, département de Seine-et-Marne, où j'exerçais alors la médecine, fut attaquée d'une fièvre intermittente. Au bout de douze à quinze jours, pendant lesquels la fièvre n'avait pas pu prendre un type régulier, survinrent des convulsions dont je ne fus pas témoin, parce que j'étais allé voir un malade dans un village très-éloigné. M. *Paulet*, savant médecin de Fontainebleau, qui venait d'arriver très-à propos chez madame *Hall*, ne crut pas devoir attendre mon retour pour agir dans une circonstance si urgente : il eut raison. Des sangsues furent appliquées sur-le-champ en assez grand nombre, et la malade fut mise ensuite dans un bain tiède. A mon arrivée, je me félicitai de ce que mon absence n'avait pas retardé l'emploi de ces moyens ; et M. *Paulet*, que j'ai toujours beaucoup aimé à rencontrer dans ma pratique, me trouva très-disposé à m'accorder avec lui sur tout le reste du traitement.

Peu de tems après, madame *Hall* se rendit à Fontainebleau chez sa belle-mère, qui était venue la chercher. Lorsqu'elle y eut passé un assez long espace de tems, pendant lequel l'habile médecin que je viens de nommer n'avait pas cessé de lui donner les soins les plus assidus, elle voulut absolument se confier aux miens d'une manière exclusive, et revint à Montereau.

A ma première visite, la situation de madame *Hall* me fit une vive impression. Je vis une jeune femme qui n'était plus que l'ombre d'elle-même, réduite à un état de maigreur qu'on ne pouvait comparer qu'au dernier degré d'une atrophie générale. Ses muscles étaient paralysés; aucun n'était capable d'obéir à la volonté. Effectivement, il n'y avait plus de mouvement volontaire, plus de voix; et l'aphonie était telle, qu'à un pied de la bouche de la malade, on entendait à peine une partie de ce qu'elle disait.

Les convulsions ne s'étaient pas renouvelées, la fièvre intermittente était détruite; je jugeai que toute mon attention devait se tourner provisoirement du côté de la nutrition. Je cherchai à favoriser de toutes les manières cette fonction réparatrice, en évitant scrupuleusement tout ce que je soupçonnais de pouvoir fatiguer les organes de la digestion. L'appétit se rétablissait peu à peu, l'excrétion des urines était suffisante, mais involontaire. Quant aux selles, après les avoir long-tems attendues inutilement, on fut obligé de vider l'intestin *rectum* avec une spatule. On en retira beaucoup d'excrémens; et, par la suite, on se trouva souvent dans la nécessité de recourir à ce moyen mécanique, qui eut toujours le même succès et ne fut jamais suivi d'aucun accident. La nutrition allait si bien, que tout le monde en était étonné.

Quoique l'hiver fît déjà sentir toutes ses rigueurs, madame *Hall*, très-bien servie, dans une chambre dont la température était soigneusement entretenue au degré le plus convenable, n'aurait probablement éprouvé aucun des inconvéniens de la saison, s'il lui avait été possible de faire le moindre usage de ses mains et de se prêter un peu aux changemens fréquemment indispensables de linge et de position. Mais la malheureuse immobilité à laquelle elle était réduite, l'exposant, malgré toutes les précautions qu'on ne manquait pas de prendre, à rester quelquefois découverte plus long-tems qu'il ne l'aurait fallu, elle ne put pas éviter un rhume qui devint, comme on va le voir, le principal objet de mes sollicitudes, et est aujourd'hui le sujet fondamental de mon observation.

La malade supporta assez bien les premiers effets de cet accident. L'usage des pectoraux , qu'elle continua avec plaisir pendant plusieurs jours, lui fit beaucoup de bien , et lui suffit jusqu'au moment où la nécessité d'une expectoration abondante se manifestant , en ma présence, par les efforts impuissans d'une toux infructueuse qui n'était jamais suivie d'aucun crachat, je restai convaincu que ceux que j'avais crus, avant cette crise, passés dans l'estomac par le pharynx, n'avaient, au contraire , jamais pu franchir le larynx. Cette nouvelle indication me consterna. Elle était évidente ; mais je ne voyais aucun moyen de la remplir. Je prescrivis un lok pectoral, et je me hâtai de quitter la malade pour aller chez moi réfléchir, dans le silence du cabinet, sur le parti que j'avais à prendre.

Le danger devenant toujours plus pressant, madame *Hall*, qui n'avait pas pu se le dissimuler, était, avant ma visite du soir, résignée et préparée à une fin qu'elle regardait comme aussi prochaine qu'inévitable. Elle avait fait son testament et reçu le viatique.

Le soir, M. le curé de Montereau vint la revoir, presqu'en même tems que moi. Ce vénérable ecclésiastique, actuellement grand-vicaire du diocèse de Meaux, ne tarda pas à se retirer ; je l'accompagnai jusqu'à la porte de la cour. Pendant ce trajet, il me dit : « Monsieur le docteur, vous pensez sans doute, ainsi que moi, que notre

malade ne verra pas la matinée de demain. » Je lui répon-
dis que je m'attendais à tout autre chose, et que je ne
pouvais pas m'empêcher de compter beaucoup sur ce que
j'allais faire. Il me quitta, en me souhaitant un succès
qu'il désirait aussi sincèrement que moi, et qu'il était
bien loin d'espérer de même.

En rentrant, je dis à madame *Hall :* « Madame, je ne
vous quitte pas de la nuit, et je vais d'abord me mettre
en devoir de vous procurer un soulagement capable de
ranimer votre courage et de vous rendre tout l'espoir
que vous avez perdu mal à propos. »

L'instant d'après, on l'avait déjà assise sur son lit, et,
chaque fois qu'elle toussait, je la soutenais entre mes
deux mains..... Pendant que j'appuyais la gauche contre
la colonne vertébrale, avec la droite, j'appliquais et je
retenais, au haut de l'épigastre, un peu au dessous de
l'appendice xiphoïde, un tampon de linge fin, me bor-
nant, dans cette attitude, à suivre, sans les gêner, les
mouvemens d'inspiration et d'expiration, jusqu'au moment de l'expectoration. C'était le moment d'agir, et
alors, immédiatement après le tems de l'inspiration, je
secondais puissamment celui de l'expiration par une pres-
sion un peu brusque, au moyen de laquelle, ma main
droite refoulant subitement le diaphragme, je ne man-
quais jamais de produire une expectoration pleine et entière, dont le résultat fut une quantité d'énormes cra-
chats, telle qu'en moins de deux heures, la cuvette
dans laquelle on les avait reçus en fut presque pleine.

Après cela, le soulagement fut si réel et si complet,
que madame *Hall*, pleurant de joie et de reconnaissance,
exigea que j'allasse prendre du repos. « Je suis si inconce-
vablement bien, me dit-elle, que je vais certainement

dormir au moins jusqu'à huit heures du matin, et je serais coupable de la plus noire ingratitude si je souffrais que vous passassiez ici tout ce tems à veiller. » Je me retirai à onze heures et demie, et le lendemain au matin, il était près de neuf heures lorsque j'arrivai chez madame *Hall*, qui venait de se réveiller. Il y avait long-tems qu'elle n'avait passé une aussi bonne nuit. Le procédé employé la veille le fut encore ce jour-là et les suivans, avec le même succès, jusqu'à l'entière terminaison du rhume.

Débarrassée de cet ennemi redoutable, la malade commença de nouveau, et parvint à reprendre successivement son embonpoint naturel. Elle ne rentra pas aussi facilement dans l'exercice des facultés dont on a vu qu'elle avait été totalement privée pendant un tems considérable. Au bout d'un an, elle ne se servait encore que très-imparfaitement de ses mains, et elle ne pouvait marcher qu'avec des béquilles. Quoique son état se soit ensuite beaucoup amélioré, je crois qu'elle s'est toujours ressentie de ce déplorable effet de sa cruelle maladie; mais j'ai eu la satisfaction d'apprendre que, dans deux grossesses consécutives, elle était parvenue, sans accident, au terme de la gestation parfaite, et que, chaque fois, elle avait été assez heureuse pour accoucher naturellement d'un enfant bien constitué.

Le cas que je viens de rapporter doit-il être mis au rang de ceux dans lesquels une heureuse issue ne suffit pas pour justifier la conduite du médecin? Je ne le pense pas, et je crois, au contraire, qu'il est du très-petit nombre de ceux où le médecin est lui seul toute la médecine. Si je n'en avais pas été aussi convaincu que je l'étais, il m'aurait été impossible de résister à des importunités, à des persécutions qui, heureusement pour la malade et pour moi, ne purent ni ébranler sa confiance, ni égarer mon zèle. Pendant qu'on me reprochait ouvertement de rejeter l'emploi des vésicatoires, des moxas, des vomitifs énergiques, et de perdre ainsi un tems précieux, ma raison me disait que tous ces prétendus remèdes héroïques étaient impuissans dans une circonstance dont les annales de la médecine n'offraient aucun exemple; qu'ils ne pouvaient contribuer qu'à rendre plus cruelle la catastrophe qu'il s'agissait d'éviter; qu'il était affreux de martyriser un être sensible et malheureux, comme on ne le fait que trop souvent, pour fermer la bouche à la malveillance, ou pour se ménager d'odieuses ressources contre ses attaques, et qu'on ne pouvait pas, sans crime, sacrifier ainsi ses malades à sa réputation. Ce fut donc au fond d'une conscience libre et irréprochable que les méditations les plus sévères me firent trouver l'heureuse idée d'une notion physiologique extrêmement simple, d'après laquelle je me dis... : La respiration se compose évidemment de deux tems, qui sont celui de l'inspiration et celui de l'expiration. Il n'est pas moins évident que l'expectoration n'est qu'une extension de l'expiration, ou l'expiration elle-même portée au degré d'intensité convenable pour expulser des matières dont l'expulsion n'est pas aussi facile que celle de l'air introduit par l'inspiration. L'expiration n'arrive à ce degré d'intensité que par l'intervention de puissances auxiliaires, dont l'action indispensable pour produire cet effet ne l'est pas également pour l'acte ordinaire de la respiration, qui, effectivement, ne paraît éprouver ici aucune difficulté. Actuellement, ces puissances auxiliaires sont, ainsi que tous les autres muscles dépendans de la volonté, dans une inertie complète. Je ne vois aucune possibilité de leur rendre à l'instant l'énergie nécessaire; il faut tâcher de les suppléer. Voilà les raisonnemens qui me conduisirent à l'essai du procédé dont j'ai donné la description exacte et fait connaître l'heureux résultat.

Je crois bien sincèrement, et tous les médecins de bonne foi conviendront avec moi que ce que j'ai fait était non-seulement ce qu'il y avait de mieux à faire, mais encore le seul moyen dont on pût raisonnablement attendre quelque succès. Tout ce qu'il y a d'usité, tout ce qu'il y a de plus vanté dans la thérapeutique était ici d'une inutilité palpable, et la notion physiologique si simple, dont j'ai eu le bonheur de tirer un si grand parti, est de l'ordre de celles que nos célèbres physiologistes ont l'air de dédaigner. Ces savans, dont l'activité n'a pas de bornes, ne sont pas dans l'usage d'arrêter leur attention à de tels objets; ils la portent beaucoup plus loin, et je crains que l'infatigable curiosité qui les guide ne puisse les conduire que d'erreur en erreur. Nous allons voir jusqu'à quel point l'histoire de la physiologie pourrait nous fournir de quoi justifier cette crainte.

En considérant que tous les systèmes physiologiques qui ont eu le plus de vogue et dont les nombreux partisans ont successivement proclamé l'excellence dans toute l'Europe jusqu'à la fin du siècle dernier; en considérant, dis-je, que tous ces systèmes sont généralement abandonnés, et que ce qui en reste dans la physiologie d'aujourd'hui se réduit, pour ainsi dire, aux noms de leurs auteurs, on se voit avec étonnement forcé de convenir que, jusqu'à présent, aucun système de physiologie n'a pu résister à l'épreuve soutenue d'un examen rigoureux; or, les médecins n'ignorent pas que les systèmes de médecine ont éprouvé précisément les mêmes vicissitudes. S'il est permis d'inférer de tout cela que la physiologie et la médecine n'ont encore dans leurs systèmes ou dans leurs traités généraux rien de stable, rien de fixe, rien d'arrêté, et que, sous ce rapport, la condition de l'une est parfaitement semblable à celle de l'autre, on peut sans doute ajouter que vouloir tirer de l'une les bases de l'autre, c'est entreprendre d'élever une construction mobile sur des fondemens d'une égale mobilité, et tout le monde est en état de prévoir le sort inévitable d'une entreprise de cette espèce. Il est donc présumable que nous ne sommes pas encore au bout des révolutions médicales; que ce qui est arrivé dans le passé se renouvellera dans l'avenir jusqu'à ce qu'ouvrant enfin les yeux, on s'aperçoive qu'on est dans une fausse route, et qu'il est urgent d'en changer ainsi que de but.

Lorsqu'on a vu les mêmes expériences conduire les plus fameux physiologistes à des théories diamétralement opposées; lorsqu'on se rappelle que des opinions contradictoires ont successivement obtenu le même crédit et subi la même défaveur, on devrait, ce me semble, savoir à peu près à quoi s'en tenir sur des principes qui engendrent de pareilles conséquences, et au moins examiner s'il ne serait pas sage de s'en méfier,

Je suis loin de vouloir interdire aux physiologistes toute espèce d'expériences; mais je soutiens que celles qui sont devenues les objets de leur prédilection et les fondemens de leurs théories ne sont, au fond, qu'un amusement dangereux, tout au plus permis à leur curiosité comme moyen de parvenir à la connaissance du point fixe où finit l'utilité de la méthode expérimentale, et où commence celle de l'observation qui, si l'on n'y prend garde, ne tardera pas à tomber en désuétude.

Si, malgré toutes ces considérations, les physiologistes, persistant dans leur pernicieuse habitude de sacrifier le principal à l'accessoire, veulent absolument passer ainsi, en quelque sorte, leur vie à se divertir, personne assurément n'a le droit de s'y opposer; mais j'ose leur prédire que s'ils ne changent pas de conduite, ils finiront infailliblement comme ces dissipateurs qui, en accordant trop à ce qu'ils appellent leurs menus plaisirs, arrivent sans s'en apercevoir à manquer des choses de première nécessité.

En vérité, ces perpétuelles inconséquences sont d'autant moins excusables, que le moyen de les éviter va, pour ainsi dire, au devant de ceux qui le cherchent de bonne foi. Des signes certains distinguent suffisamment ce qui ne peut pas sortir des mains de la nature de ce qu'elle a destiné à passer dans celles des hommes. La mécanique qu'elle a laissée à leur disposition ne renferme rien qui n'encoure l'application rigoureuse de leurs calculs, et qui ne soit évidemment en harmonie avec leurs expériences; mais il n'en est pas ainsi de cette autre mécanique dont la vie est le grand ressort. Si les physiologistes avaient remarqué que cette mécanique sublime, dont l'impénétrable profondeur s'est constamment montrée inaccessible à tous leurs moyens d'investigation, offre dans l'étendue de sa superficie un champ libre à leurs recherches, ils seraient probablement parvenus à reconnaître dans cette disposition une précaution bienveillante de la suprême intelligence qui ne fait rien en vain, et une indication manifeste de l'unique carrière ouverte à un exercice raisonnable de leur sagacité. Ils auraient profité de cette découverte et ne se seraient pas engagés inconsidérément, comme ils l'ont fait, dans un dédale d'erreurs et d'inconséquences dont nous ne pouvons plus que désirer qu'ils ne soient pas condamnés à épuiser la série. Ce qu'ils en ont déjà parcouru est immense ; et il suffit, pour s'en convaincre, de s'arrêter quelques instans à une expression que je ne peux plus rencontrer nulle part, sans qu'elle me rappelle l'acception incroyablement fausse qu'on lui donne en physiologie.

Les expériences qu'on appelle *directes*, voilà l'expression, sont des procédés par lesquels on ne peut que détruire ce que produisent journellement ceux auxquels on a la prétention de les assimiler, car toutes ces expériences se réduisent bien réellement à l'emploi de moyens de destruction pour découvrir la nature, pour reconnaître la marche et pour obtenir les résultats des moyens de création. Comment peut-on appeler expérience *directe* la douloureuse mutilation des organes, pour acquérir la connaissance précise du libre exercice de leurs fonctions dans le calme d'une intégrité parfaite ? Comment peut-on appeler *directe* la recherche des diverses modifications de la vie dans les débris de la matière qui en est privée pour toujours ? Enfin, et en résumé, que peut-il y avoir de moins *direct* que les manipulations grossières de l'homme, pour mettre en évidence le secret de ce qu'il y a de plus délicat, de plus incompréhensible dans les merveilleux ouvrages du Créateur ?

Espérons toutefois que cette étonnante direction à contre-sens ne reproduira pas ce qu'elle produisit il y a bien des siècles, et qu'elle ne nous ramènera pas aux tems d'Érasistrate et d'Hérophile, dont la tradition a attaché les noms à un exemple aussi mémorable que révoltant de l'excès auquel les dérèglemens de l'esprit peuvent porter la dépravation du cœur (1).

La médecine et la physiologie sont certainement faites pour marcher ensemble et pour s'éclairer mutuellement; mais leur utilité réciproque a des bornes, dans lesquelles il faudrait avoir la sagesse de se renfermer. L'abus des meilleures choses est capable d'en discréditer l'usage, au point de les faire abandonner totalement, et peut-être sommes-nous aujourd'hui privés de plus d'une ressource précieuse dont on pourrait attribuer la perte ou l'oubli à cette disposition, malheureusement trop commune, qui fait si souvent rejeter, sans ménagement et sans réserve, ce qu'une propriété spéciale empêche de se prêter à toutes les applications qu'on voudrait en faire, à toutes les inductions qu'on voudrait en tirer. Cette dangereuse disposition est d'ailleurs inséparable de la disposition opposée (tant il est vrai que les extrêmes se touchent), et si l'on a rejeté avec trop de légèreté certaines choses, on en a beaucoup admis sans aucune discrétion.

---

(1) Erasistrate et Hérophile étaient des médecins impitoyablement zélés qui pensaient que pour mettre toute l'exactitude possible dans les recherches anatomiques et dans les expériences physiologiques, il fallait nécessairement opérer sur des hommes vivans. En conséquence, ils disséquaient avec la curiosité la plus méthodique des malheureux condamnés qui leur étaient livrés par la justice criminelle.

On est forcé de convenir que ces sanglantes expériences, qui n'ont jamais rempli l'attente de leurs auteurs, étaient, cependant, beaucoup plus directes que celles que l'on pratique aujourd'hui, puisque les sujets choisis pour être victimes des premières étaient des individus de l'espèce même dont il s'agissait de se mettre en état d'analyser les facultés, de reconnaître et de guérir les maladies, en parvenant à découvrir, par l'inspection anatomique, les causes des unes et des autres.

Il n'y a pas de science qui n'ait fourni, à diverses époques, plus ou moins ample matière aux spéculations des physiologistes et des médecins. Ils ont mis à contribution les mathématiques, la physique, la chimie, la métaphysique. Il est inutile de parler des applications abusives qu'ils en ont faites, de l'extension excessive que les médecins ont donnée à l'électricité, au galvanisme, dont ils ne parlent déjà plus; mais il est remarquable que toutes les fois qu'une science a été cultivée avec ardeur, ou qu'une nouveauté scientifique a été accueillie avec empressement, ils n'ont pas manqué de s'y attacher et d'y chercher, avec une imperturbable persévérance, les moyens d'agrandir leur art, ou de lui imposer de nouveaux principes. Il est fâcheux qu'une telle émulation, qui a sans doute été toujours louable dans ses motifs, n'ait pas été toujours heureuse dans ses résultats. Combien de richesses ne posséderions-nous pas aujourd'hui, si les médecins avaient réussi dans toutes leurs entreprises, ou s'ils n'avaient échoué que dans quelques-unes!

La fréquence des révolutions qui ont eu lieu en médecine peut être regardée comme une suite naturelle du plus connu de tous les inconvéniens d'une fausse position. Tout le monde sait, en effet, qu'après s'être maintenu plus ou moins de tems dans une position semblable, on finit par être forcé de la quitter, pour en prendre une autre, qui souvent n'est pas plus tenable, et cela suffit pour rendre raison de tant de changemens, qui n'ont été que le passage d'une erreur à une autre, d'un excès à l'excès opposé.

Une inclination malheureuse a toujours tellement attaché les médecins à l'esprit de leur siècle, que de tout tems, comme je l'ai déjà dit, on les a vus figurer dans tous les événemens scientifiques. Il n'est donc pas étonnant qu'ainsi constamment exposés à multiplier indéfiniment les chances d'erreurs, ils aient donné dans beaucoup d'écarts qui n'ont pas pu les préserver de donner dans beaucoup d'autres.

Mais ce n'est pas tout : l'objet de la médecine est d'une si haute importance et d'un intérêt si général, que tout le monde veut s'en occuper dans l'occasion, et avoir une opinion à opposer à celle des praticiens les plus consommés. Cette dernière et déplorable cause d'influences pernicieuses que les médecins ne sont pas toujours maîtres d'éviter, les tient dans un état de dépendance qui rend leur situation extrêmement difficile, et il faut convenir que, sous ce rapport, ils sont au moins autant à plaindre qu'à blâmer.

Tant de causes suffisent, sans doute, pour expliquer la nature et la multiplicité des événemens qui justifient tout ce que j'ai dit de l'extrême versatilité de la médecine; mais il n'en faut pas moins pour faire concevoir tout ce qu'on a vu, tout ce que nous voyons journellement, et que nous ne sommes probablement pas exempts de voir encore pendant long-tems.

Dans notre siècle, qui est, par excellence, celui de l'activité, il faut agir et agir sans cesse. L'action a tellement prévalu sur la méditation, qu'on regarderait comme dérobé à la première tout le tems qu'on donnerait à la seconde, et que chacun se range, de préférence, du côté où il voit le plus de mouvement.

Il faut agir sans discontinuer, c'est une détermination généralement arrêtée; la médecine s'y est conformée et n'est pas restée en arrière. Jamais elle ne fut plus turbu-

lente qu'aujourd'hui; jamais les malades ne furent me-
nés plus vivement; on les travaille, on les tourmente jusqu'à leur dernier soupir. Lorsqu'ils l'ont rendu, le médecin se félicite, et on le loue de ce qu'il n'a jamais cessé
d'agir. Mais pour réunir glorieusement tous les suffrages,
il faut faire l'ouverture des cadavres. C'est là qu'on trouve
à son gré de quoi rendre évidente et palpable l'excellence
de son diagnostic et de sa thérapeutique. C'est là qu'on
est sûr d'avoir à choisir entre les manières les plus ingénieuses de prouver que la maladie devait, de toute nécessité, se terminer par la mort. Peu importe, en pareille
occurrence, que les spectateurs aient des connaissances
en anatomie et en médecine ou qu'ils n'y connaissent
rien; ils voient de leurs propres yeux et quelques expli-
cations succinctes suffisent toujours pour leur faire com-
prendre et pour leur prouver tout ce qu'on veut. Il y a,
d'ailleurs, tant de détails dans une ouverture, qu'on peut,
au besoin, confier une érigue à celui-ci, une pince à ce-
lui-là, une éponge à l'autre, et enfin mettre tout le monde
en action.

D'après cela, personne ne pouvant rester indifférent, ni
se persuader qu'il ne comprend rien de ce qu'il voit, rien
de ce que dit le médecin, chacun doit nécessairement, à
la fin, se retirer pleinement convaincu, et surtout, ce qui
n'est pas d'un médiocre intérêt, enchanté d'avoir à ré-
pondre à toutes les observations qu'on pourrait faire,
qu'il sait bien ce qu'il a vu, de ses propres yeux parfaitement vu, que c'est une chose claire, et qu'il faut se rendre à l'évidence. Quant à moi, ce que je vois de plus
clair et de plus satisfaisant dans cette affaire, c'est que si
le malade est mort, le médecin au moins est sauvé.

Si l'on veut me permettre ici un retour momentané à

mon observation, et s'y reporter avec moi, je me contenterai de supposer que dans la circonstance difficile dont je n'ai laissé ignorer aucun détail, le médecin eût été un homme assez attaché à la routine médicale ou assez faible pour se décider à faire tout ce qu'on voulait que je fisse. Dans cette hypothèse, j'ose assurer que la malade serait morte, et que si l'on avait procédé à l'ouverture du cadavre, on l'aurait faite dans l'intention intéressée de justifier le traitement et l'événement. Quel est, je le demande, quel est le médecin franc et loyal qui ne conviendra pas qu'on serait parvenu facilement à remplir ce double objet? Les bronches et le larynx gorgés de mucosités, tant d'autres choses qu'on aurait pu trouver et montrer, s'il l'eût fallu; quelle matière à dissertations! Les médecins voient déjà, sans que je l'indique, tout le parti qu'on aurait pu tirer d'un pareil sujet, et sentent que ce qu'on aurait allégué pour prouver que la mort était inévitable serait resté sans réplique; cependant, madame Hall est encore vivante.

Qu'on ose, après cela, révoquer en doute les avantages, les priviléges des ouvertures de cadavres. Ce que j'en vois ici est plus que suffisant pour me convaincre que des médecins bien avisés, et il y en a beaucoup actuellement, seraient très-fâchés d'y renoncer.

Quoique ce soit sans nécessité réelle, ce n'est peut-être pas sans raison ou, si l'on veut, sans motif qu'on a donné aux ouvertures de cadavres le nom d'*autopsies* (1). Les spéculations sur les mots sont quelquefois très-

---

(1) Le substantif français autopsie est composé de deux mots grecs, mais le substantif existe aussi tout composé dans la langue grecque, et ne diffère du substantif français que par la terminaison, c'est-à-

bonnes, et je suis assez porté à croire qu'on a spéculé sur celui-ci. Il a d'un côté quelque chose de si heureusement captieux, et de l'autre quelque chose de si solennel, qu'on ne saurait dire qu'il eût été déraisonnable d'espérer que le nom pourrait facilement profiter à la chose.

Quoi qu'il en soit, d'après sa signification étymologique et véritable, l'*autopsie* consiste à voir soi-même, ou de ses propres yeux. Dans l'autopsie, il y a donc réellement évidence ; mais évidence de quoi ? De ce qui est exposé à nos regards ; et au lieu de nous laisser éblouir par le mot évidence, examinons froidement quels sont les objets que l'ouverture d'un cadavre nous met à même de voir et de considérer à volonté. Cette ouverture met sous nos yeux et à notre disposition l'intérieur d'un corps organisé, privé dans son entier, séparé définitivement de la vie, son unique moyen de résistance à l'action continuelle de la physique universelle, qui travaille sans relâche à la décomposition, à la désorganisation de tout ce qui est organisé, et agit sans résistance, ainsi que sans interruption, sur la matière que la vie lui a livrée sans défense en se retirant.

Voilà donc cette matière maintenant et désormais passive, réduite à subir indéfiniment les effets d'une influence irrésistible qui lui fait parcourir successivement tous les degrés de décomposition, de telle manière que ce qu'on ne trouve pas dans un cadavre une heure, deux

---

dire par la dernière lettre qui est un *a* dans le grec αὐτοψία, et un *e muet* dans le français autopsie.

Les Dictionnaires français rendent le sens de ce mot par *évidence*, *démonstration oculaire*, etc., et nous savons que les anciens appelaient *autopsie* la cérémonie la plus auguste de leurs mystères.

heures, trois heures après la mort, on le trouve une heure plus tard. Ce qu'il y a de principalement remarquable, de plus évident, de plus positif dans tout cela, c'est, sans contredit, le développement successif d'un nouvel ordre de phénomènes si essentiellement différent de ce qui se passe dans l'organisme animé, que pour s'autoriser à conclure de l'un à l'autre, il faudrait prouver qu'on peut conclure de la mort à la vie.

Je crois que cela doit suffire pour mettre les gens sensés en état d'apprécier la valeur des ouvertures de cadavres, dont on a, depuis quelque tems, beaucoup exagéré l'utilité ; ce qui ne nous empêchera pas d'accorder que ces ouvertures peuvent cependant être très-profitables, et que dans la médecine légale il est absolument impossible de s'en passer.

Si, après s'être rendu un compte exact de tout ce que j'ai dit jusqu'à présent, on procède sans partialité à l'examen comparatif de la situation passée et de la situation présente de la médecine, on verra qu'il n'y a ni moins de prétentions, ni plus de garanties d'un côté que de l'autre. L'époque actuelle consiste, ainsi que chacune de celles qui l'ont précédée, dans de nouveaux essais, dans de nouvelles tentatives qu'on n'a pas manqué de présenter chaque fois, comme le plus heureux, comme le dernier des changemens dont rien n'a cependant encore pu arrêter la continuelle succession. Ce qu'on annonce le plus fastueusement aujourd'hui, sur ce point capital, ressemble donc trop à ce qu'on avait déjà tant de fois annoncé de même, sans aucun fondement, pour qu'il soit permis de s'y arrêter avec confiance.

Je suis, assurément, fort aise de pouvoir convenir que la médecine possède aujourd'hui plus de connaissances effectives qu'elle n'en possédait anciennement; mais je ne peux pas m'empêcher de reconnaître que sa marche est aussi incertaine qu'elle l'ait jamais été, et que, sous ce rapport, le besoin d'une réforme fondamentale devient de plus en plus urgent.

Il faut ouvrir enfin les yeux, examiner sévèrement les connaissances acquises, déterminer avec une égale précision, avec une égale rigueur et les rapports des unes, et la spécialité des autres. Lorsqu'on aura vu que cette opération, essentiellement préalable à l'institution d'un système, ne conduit d'une manière satisfaisante à aucun de ceux que nous connaissons, et n'en laisse entrevoir aucun autre auquel elle conduise plus naturellement, on restera sans doute convaincu de la fausseté de tous, de l'impossibilité de réaliser les prétentions de leurs auteurs, et de la nécessité de chercher sans prévention, dans la nature même des choses, un moyen plus simple et plus raisonnable de fixer irrévocablement la marche d'un art qu'il est si important de pouvoir définitivement, à bon droit, appeler salutaire.

C'est après avoir consacré à ce dernier objet, pendant plusieurs années, mes plus sérieuses occupations; c'est après y avoir travaillé constamment avec autant de bonne foi que de zèle, que je crois pouvoir me permettre d'assurer que le seul moyen de mettre régulièrement et sûrement en œuvre les connaissances acquises, et celles qu'on pourra acquérir encore, réside exclusivement dans une bonne philosophie médicale, dont la possibilité est évidente, dont la certitude et l'utilité sont incontestables.

C'est donc à l'établissement d'une bonne philosophie médicale qu'il faut s'arrêter et qu'on s'arrêtera nécessairement aussitôt que la raison pourra se faire entendre. Il y a trente-sept ans que je suis docteur en médecine, et il y en a plus de vingt que toutes mes observations, toutes mes réflexions me ramènent constamment à cette conclusion d'une manière si naturelle et si rigoureuse, que je ne conçois pas la possibilité de conclure autrement. Les systèmes supposent des connaissances que nous n'avons pas, et que nous n'aurons jamais ; tout ce qu'il y a d'évident et d'utile dans celles que nous possédons réellement, est la base et l'essence d'une bonne philosophie médicale. L'unique fruit des systèmes est pour leurs auteurs, qui peuvent en effet en retirer une vogue, une célébrité, dont l'exploitation, j'en conviens, leur assure des avantages positifs ; mais une bonne philosophie médicale, en conduisant directement la médecine au degré de perfection qu'elle peut atteindre, fera de bons médecins ; et voilà des produits aussi certains que désirables qui seront utiles à tout le monde.

Mes réflexions, mes dissertations, mon observation clinique, tout, dans mon opuscule, concourt à donner, de la philosophie médicale que je propose, l'idée la plus juste, la plus exacte, et j'ose ajouter la plus complète qu'on puisse en offrir, sans toucher aux développemens. Ils seraient déplacés ici, et l'on ne doit s'attendre à les trouver que dans un traité spécialement complet, ainsi que dans un cours de même nature.

On a déjà pu voir que, rejetant toutes les suppositions, toutes les prétentions peu fondées, toutes les exagérations, je me fais un devoir de n'admettre que l'évidence et la réalité ; c'est dans la philosophie médicale que j'ai puisé ces principes. Le mérite de chaque médecin est exactement proportionné à celui de sa philosophie médicale ; pour être praticien, il faut absolument en avoir une ; cependant un

cours dont elle devrait être l'objet manque à l'enseigne-
ment.

Dans une école organisée conformément à mes vues,
que je développerai en tems et lieu, les études seraient
terminées par un cours de philosophie médicale (1),
complément indispensable des cours usités dans l'ensei-
gnement ordinaire de la médecine.

L'objet de ce dernier cours serait l'examen critique, la
discussion rigoureuse des connaissances acquises dans les
cours précédens. Le professeur disserterait, les élèves dé-
signés par lui disserteraient, à leur tour, sur ces connaissances. Il leur en ferait discuter, contradictoirement entre eux, le mérite, la juste valeur individuelle, les rapports évidens, et les applications les plus conformes aux
résultats avérés d'une sage, d'une heureuse pratique.

Après ces études, après tous ces exercices, pendant la
durée desquels on voit que chaque élève aurait été mis
fréquemment dans la nécessité de donner lui-même la
juste mesure de sa capacité propre et spéciale, aussi bien
que de ses vrais principes de morale, la pratique de l'art
serait un peu plus en sûreté sous la conduite des nouveaux
docteurs, parmi lesquels on ne tarderait pas à voir se pro-

---

(1) Cette philosophie n'existe ni explicitement ni implicitement
dans aucun écrit, dans aucune des doctrines qui ont envahi successivement la médecine jusqu'à ce jour ; ce n'est pas dans les opinions
toujours variables des hommes, c'est dans la nature essentiellement
immuable des choses que je l'ai puisée.

Je ne devais ni ne pouvais faire autrement pour parvenir à mon
véritable, à mon unique but, qui était de trouver un moyen sûr de
fixer irrévocablement la marche de la médecine, dont l'incertitude
a toujours été ce qui m'a le plus frappé.

pager, avec la sagesse, cette circonspection qui sied si bien aux médecins, et qui leur est si nécessaire.

Dans sa nouvelle marche, réglée enfin cette fois, et éclairée par la saine raison, la médecine ne sortirait plus des limites de sa compétence. Irrévocablement circonscrite dans son véritable domaine, elle ne se lasserait pas d'y chercher, et elle y trouverait successivement toutes les ressources qu'il renferme.

Il ne s'agit pas ici de faire admettre et d'accréditer une nouvelle hypothèse; je voudrais, au contraire, comme on l'a déjà vu, pouvoir les frapper toutes d'un discrédit irrévocable. Il n'est question que de ramener la médecine à ses véritables principes, à des principes éternels qui sont dans la nature et non dans les conceptions plus ou moins brillantes de quelques savans, entraînés par une imagination trop ardente qui les égare.

Effrayé de l'énormité et de la multitude des abus qui s'opposent à l'efficacité d'un art que je professe de bonne foi, j'ai cru devoir émettre franchement mes opinions, en vue de l'utilité que la médecine pourrait en retirer.

Je ne me suis pas dissimulé que mes idées, étant d'un ordre opposé à celui dans lequel on se complaît malheureusement de plus en plus, depuis quelque tems, leur tour d'admission pouvait être extrêmement éloigné; mais mettant de côté tout intérêt personnel, je n'ai vu dans cet état des choses qu'une raison de plus de faire connaître ma façon de penser sur la nécessité de distinguer et de séparer le domaine de l'observation de celui des expériences, de ne pas toucher à ce que la nature s'est exclusivement réservé, et de se contenter de ce qu'il lui a plu de concéder à l'humanité.

J'ai été puissamment soutenu dans mon travail par

l'espoir qu'il pourrait contribuer à prévenir quelques nouveaux écarts, à préparer le triomphe de la vérité, et à rapprocher un peu l'heureuse époque où les médecins, fatigués de poursuivre des illusions, se renfermeront dans les justes bornes de leur art, dont l'utilité ne sera, par cela même, que plus réelle et plus sûre.

FIN.

PARIS, DE L'IMPRIMERIE DE PILLET AÎNÉ,
rue des Grands-Augustins, n. 7.